AF476548

RECHERCHES SUR
L'ÉVOLUTION DE LA MATIÈRE

BY

RECHERCHES

SUR

L'EVOLUTION DE LA MATIÈRE

ET LA

TRANSFORMATION DES FORCES NATURELLES

PARIS

LIBRAIRIE C. REINWALD

SCHLEICHER FRÈRES, ÉDITEURS

15, RUE DES SAINTS-PÈRES, 15

1906

INTRODUCTION

Depuis la plus haute antiquité jusqu'à nos jours, la matière ne nous était connue que sous trois états : l'état solide, l'état liquide et l'état gazeux.

La science moderne a constaté, avec juste raison, que, pour que les vibrations lumineuses puissent nous parvenir à travers les espaces interplanétaires, il leur fallait un milieu matériel au-delà de notre atmosphère ; car le *mouvement*, résultat tangible de la force qui est la propriété fondamentale de la matière, ne saurait se concevoir sans matière.

Ce milieu, qui transmet les vibrations lumineuses d'un astre à l'autre, constitue un quatrième état de la matière qui a reçu le nom d'*éther*. Il a remplacé le vide absolue des Anciens. Dans cet état, la matière ne subit pas assez l'influence de l'attraction pour se condenser.

L'éther existe partout, aussi bien dans les incommensurables espaces interplanétaires qu'entre les atômes des corps les plus denses.

C'est grâce à ses vibrations que les mondes obéissent aux lois de la gravitation, comme l'atôme obéit à l'affinité chimique.

Du Mouvement. -- On appelle mouvement le déplacement de la matière dans l'espace, Toute cause de mouvement ou de changement de mouvement est une *force*. Le mouvement résultat d'une force est, comme nous venons de le dire, la propriété fondamentale de la matière : toutes les forces naturelles, chaleur, lumière, électricité, affinité chimique, gravitation, vie ne sont que du mouvement sous des formes différentes.

PREMIÈRE PARTIE

Matière et Force

CHAPITRE PREMIER

MATIÈRE ET SENSATION

Définition de la matière. — On entend par matière tout ce qui peut impressionner nos sens. Elle ne nous est connue que par ces impressions qui, étant imparfaites, ne nous donnent qu'une idée incomplète de sa nature.

Les impressions qui manifestent à nos sens la présence de la matière peuvent toutes se résumer en une seule : *la sensation du contact*, sensation produite par le mouvement des molecules matérielles, qu'elle que soit leur ténuité.

En d'autres termes, c'est le contact de la matière avec nos organes qui nous décèle sa présence : et ce contact ne nous apprend l'état de la matière que par les mouvements plus ou moins variés de ses molécules.

Le mouvement des molécules matérielles est donc la source de nos sensations, et, c'est par leur contact, plus ou moins rapide et énergique, que nous pouvons en apprécier les propriétés.

Nos organes peuvent être en rapport direct avec les objets extérieurs, ou bien ils peuvent entrer en relation avec eux au moyen des vibrations d'un corps intermédiaire, tel que l'air pour les sons et les odeurs ; et l'éther pour la lumière et la chaleur.

Le contact direct et les vibrations caloriques sont perçus par toutes les parties de notre corps où se distribuent les nerfs sensitifs. Les vibrations sonores sont perçues par l'oreille et les vibrations lumineuses par l'œil.

Nous n'apprécions la matière que telle qu'elle nous est révélée par nos sens, et non telle qu'elle pourrait être si nous étions doués d'organes différents, qui, insensibles aux rayons lumineux et autres vibrations, seraient accessibles à d'autres impressions.

Dans ce cas, nous aurions de l'Univers une toute autre idée que celle que nous en avons.

On peut conclure de là que la matière n'existe pour nous que par nos sensations, et qu'elle peut être de tout autre nature pour des êtres qui ont d'autres sens que les nôtres.

Sans sortir de notre organisme, ne voyons nous

pas par l'œil percevoir dans une glace un corps qui n'existe pas où nous l'apercevons ; un bâton qui, plongé dans l'eau, nous paraît brisé, alors qu'il est droit en réalité. Tout le monde sait qu'une personne, atteinte de daltonisme, voit les couleurs autrement que tout le monde. Nos instruments de physique et de chimie ne nous ont-ils pas fait connaître des propriétés de la matière, comme l'état électrique et l'état magnétique qui, sans leur secours, seraient restées inconnus à l'homme, comme ils l'ont été pendant des milliers de siècles.

Ne voyons nous pas, même certains animaux, avoir une perfection de sens que nous ne possédons pas. Notre odorat n'est qu'à l'état embryonnaire si nous le comparons à celui du chien qui, par les émanations qu'il perçoit, peut retrouver les traces d'un passage aussi sûrement que si l'empreinte en était restée sur le sol.

Qui nous dit que chez d'autres êtres, mêmes inférieurs à d'autres points de vue, il n'existe pas d'autres sens qui leur assurent la supériorité sur nous ; comme celà a lieu pour le pigeon et les oiseaux migrateurs qui savent se diriger dans l'espace sans le secours d'aucun instrument ; ce que le génie humain ne saurait faire.

Si, sur notre petite planète, nous pouvons constater de pareilles dissemblances dans la perception des propriétés de la matière, que ne peut-on pas supposer des êtres qui peuplent les mondes répandus dans l'immensité ?

CHAPITRE II

FORCE — FORMES DU MOUVEMENT

§ 1. — *Impulsion — Attraction — Vibration*

Nous avons vu que la matière ne saurait exister pour nous et se manifester à nos sens, sans le mouvement qui la régit.

Ce mouvement est causé par trois forces ; *l'impulsion, l'attraction et la vibration.*

L'impulsion est la force primordiale qui a communiqué à l'Univers ce mouvement de rotation de l'Ouest à l'Est que nous observons aujourd'hui, aussi bien dans le soleil et les étoiles autour de l'axe du monde, que dans les planètes autour du soleil et de leur axe.

L'attraction est la propriété qu'ont les atômes de se réunir en masses plus ou moins denses pour former d'abord la molécule, puis les corps qui eux mêmes s'attirent réciproquement.

L'attraction atômique prend le nom *d'affinité chimique* quand elle s'exerce sur des atômes de nature différente pour former les molécules dont l'attraction mutuelle s'appelle *cohésion*. Dans ces deux cas, l'attraction ne s'exerce qu'à des distances inappréciables.

L'attraction s'appelle *gravitation* pour les astres, et pesanteur pour les corps situés à leur surface.

Elle s'exerce alors en raison directe des masses, et en raison inverse du carré de la distance de ces masses supposées concentrées à leurs centres de gravité ; et suivant la direction de la ligne qui joint les deux centres de gravité.

La vibration de la matière, transmise par l'éther d'atôme à atôme, de molécule à molécule, tend à les éloigner les uns des autres par chocs successifs. Elle se manifeste sous quatre formes différentes : *chaleur. lumière, électricité et influx nerveux*, dont la vie est une des résultantes.

Nous verrons plus loin que l'impulsion et l'attraction ont présidé à la formation des mondes ; l'impulsion ayant un effet centrifuge, et l'attraction un effet centripède.

Nous verrons également l'attraction présider aux combinaisons chimiques qui constituent les minéraux.

Enfin, c'est par la vibration, sous forme de chaleur et d'électricité, que s'opère la décomposition des corps.

Qu'il s'agisse d'atômes ou d'astres, l'attraction les rapproche et la vibration les éloigne. les deux forces sont donc de sens contraire.

Nous allons étudier successivement les vibrations coloriques et lumineuses qui sont de même nature, l'une n'étant que l'exagération de l'autre ; puis les vibrations électriques qui, du moins en apparence, et surtout par leurs effets, diffèrent considérablements des premières catégories.

Quant à l'influx nerveux, il ne saurait en être question qu'en traitant des fonctions de l'écorce cérébrale (page 56).

§ 2. — *Vibration calorique*

Les vibrations caloriques ont pour propriété fondamentale de dilater les corps ; elles deviennent lumineuses lorsqu'elles atteignent le nombre de 400 trillions à la seconde, pour redevenir obscures à 770 trillions. Ce qui peut faire dire que le calorique est de la lumière obscure et que la lumière est du calorique lumineux.

Tout le monde sait que, lorsqu'on augmente la température d'un corps, il se dilate ; en d'autres termes, ses atômes s'éloignent les uns des autres, et celà d'autant plus que les vibrations caloriques ont plus d'ampleur et plus de vitesse.

Lorsque les vibrations caloriques n'ont qu'une énergie relativement faible par rapport à la cohésion, les molécules conservent leur position respective et le corps est à l'état solide. Cette énergie vient-elle à dépasser une certaine mesure, la cohésion n'est plus assez puissante pour maintenir les molécules dans leur position, elles glissent alors les unes sur les autres et s'éparpilleraient si elles n'étaient retenues par les parois d'un vase ou d'un réservoir : le corps est alors à l'état liquide.

Si l'énergie des vibrations caloriques augmente encore jusqu'à ce que l'attraction, par suite de la trop grande distance des molécules, n'ait plus d'action sur elles, les vibrations caloriques seront seules à agir sur ces molécules qui se bombarderont en quelque sorte, et s'éloigneront les unes des autres sous l'action répétée de ces chocs.

L'éloignement augmentera tant que les vibrations ne diminuerons pas, ou qu'un obstacle ne viendra pas s'opposer à l'expansion moléculaire. Dans ce cas le corps est à l'état gazeux.

Un gaz est donc un corps où l'équilibre est détruit entre la cohésion et la vibration qui devient prédominante.

Dans leur état normal, les corps peuvent se présenter sous chacun des trois états que nous venons d'examiner ; et, de même qu'on peut faire passer un corps solide à l'état liquide ou gazeux en augmentant les vibrations caloriques, de même aussi on peut, en diminuant les vibrations caloriques par un abaissement de température, ou en leur faisant obstacle par de fortes pressions, faire passer un gaz à l'état liquide ou un liquide à l'état solide.

En terminant ce paragraphe, nous devons dire qu'un corps animé de vibrations caloriques les transmet au milieu ambiant, que ce milieu soit à l'état solide, liquide, gazeux ou éthéré. C'est ce qu'on nomme la chaleur rayonnante.

§ 3. — *Vibrations lumineuses*

Lorsque les vibrations caloriques atteignent une rapidité suffisante, elles changent de nature, les phénomènes ne sont plus les mêmes ; et elles donnent à la matière une nouvelle propriété : *la lumière.* (*1*)

Ces vibrations se transmettent bien plus loin et avec plus de rapidité que la chaleur. Elles ne sont perceptibles que par un organe spécial : l'œil.

Une autre distinction, c'est qu'elles ne se propagent pas dans les corps opaques et que les corps ne se dilatent pas sous leur seule influence.

§ 4. — *Attractions et vibrations électriques*

Comme les autres formes de l'attraction, l'attraction électrique est une propriété inhérente à la matière, dont on ignore la nature.

On sait qu'un corps électrisé attire les corps légers, que deux courants de même sens s'attirent, mais on ignore le pourquoi, pas plus qu'on ne peut expliquer pourquoi un corps tombe sous l'action de la pesanteur.

La vibration électrique est l'antagoniste de l'attraction électrique, et, tout comme lorsqu'il s'agit de la lutte entre l'attraction moléculaire et le calorique, c'est la force qui agit avec le plus d'énergie qui manifeste ses effets, et celà d'autant plus que la différence des énergies est plus grande.

Lorsque l'attraction et la répulsion électriques se font équilibre, il ne se manifeste aucun effet et on dit que le corps est à l'état neutre. Il est électrisé positivement lorsque les vibrations sont plus fortes

1 La lumière n'est autre chose que la chaleur, poussée jusqu'à l'incandescence.

que l'attraction et négativement lorsqu'elles sont plus faibles.

Malgré l'analogie qui semble exister entre les vibrations caloriques et les vibrations électriques, elles présentent une grande différence, c'est que les premières agissent sur les molécules des corps, tandis que les dernières agissent sur l'ensemble des mêmes corps. Il y a dilitation dans le premier cas, et invariabilité de volume dans le second.

Cette remarque à son importance en se sens qu'elle démontre que l'effet est tout à fait extérieur et que l'attraction n'a pas changé ; et que la cause des attractions et des répulsions, dépend uniquement de ce que les vibrations de l'éther qui sépare les deux corps en présence ont plus ou moins d'énergie qne leur attraction mutuelle.

Bien des choses nous resteraient encore à dire sur le mécanisme des forces électriques, mais ces qnestions complexes, d'ailleurs insuffisamment élucidées, nous feraient sortir du cadre de généralités que nous nous sommes imposé.

CHAPITRE III

INDESTRUCTIBILITÉ ET TRANSFORMATIONS DE LA FORCE ET DE LA MATIÈRE

Principe de tout, la Force et la Matière sont impérissables, et, ainsi que nous l'avons vu, l'une ne saurait se manifester sans l'autre.

Rien ne se perd rien, ne se crée dans la nature, tout se transforme, voilà tout.

Le feu et la fermentation putride, considérés jusqu'à nos jours comme d'inexorables destructeurs de la matière, ne sont que les agents de la force sous l'action de laquelle s'opèrent de nouveaux groupements de ses molécules.

Introduisons une substance animale ou végétale dans une cornue, chauffons fortement cette cornue, et recueillons les gaz qui se dégagent par la combustion, ainsi que les résidus qui restent dans la cornue ; le poids de ces gaz et de ces résidus, déduction faite de l'oxygène employé, sera exactement le même que celui de la substance brûlée.

On arriverait au même résultat en pesant les gaz et les résidus provenant de la fermentation putride.

Ces changements d'état de la matière s'opèrent, comme nous l'avons dit, sous l'action de forces, dont le résultat est le *mouvement*, et qui, elles aussi, se transforment mais ne périssent pas.

On sait qu'un boulet de canon, arrêté par un blindage s'échauffe jusqu'au rouge.

D'où provient cette chaleur ? du mouvement transformé en chaleur.

Si, au calorique né de l'arrêt brusque du boulet on ajoute celui qu'il a communiqué à l'air dont la résistance à détruit une partie de son mouvement, on retrouvera exactement la quantité de calorique qui a servi à dilater les gaz dont la subite expansion à lancé le boulet.

Qui donne le mouvement à la roue d'un moulin ? si ce n'est le calorique dont la propriété expansive a transformé l'eau en vâpeurs, qui, moins denses que l'air, se sont élevées, de la surface des mers, dans les hautes régions de l'atmosphère, où, perdant leur calorique, elles sont revenues à leur état primitif : l'état liquide.

La pesanteur, d'abord vaincue par le calorique, a repris ses droits et a ramené l'eau à son point de départ ; le niveau des mers, et, c'est dans son parcours qu'elle a été utilisée comme force motrice.

Cette force, qu'on appelle la *houille blanche*, peut être à son tour transformée en électricité et transmise à de grandes distances, où on peut la faire revenir à l'état de force motrice ou la transformer en lumière.

Qui met les ailes du moulin à vent en mouvement ? si ce n'est le déplacement de l'air ; déplacement causé par les différences de température de diverses régions de l'atmosphère.

La machine à vapeur ne serait qu'un appareil inerte si le calorique, en écartant les molécules de la vapeur, ne communiquait le mouvement à ses pistons.

Le radiomètre que nous voyons tourner dans son globe de verre, ne doit son mouvement qu'aux vibrations lumineuses qui frappent la partie noire de ses palettes.

Le muscle lui-même ne fait exécuter à notre corps ses mouvements si variés qu'au dépens de sa propre chaleur ; il ne tarderait pas à cesser ses fonctions si la combustion des matériaux, provenant des substances alimentaires, que lui amène le sang, ne venait lui rendre la chaleur perdue.

L'engourdissement produit par le froid est une preuve palpable de ce que nous venons d'avancer ; et on a pu constater que ce n'est que par une nourriture appropriée au milieu dans lequel elles vivent, que les peuplades du Nord peuvent conserver à leurs muscles la chaleur nécessaire à leur fonctionnement.

L'homme du midi, au contraire, perdant peu de chaleur par le rayonnement, n'a besoin que d'une nourriture peu substantielle, pour entretenir le calorique consommé par le travail musculaire.

Les exemples que nous venons de donner de la transformation du calorique en mouvement s'appliquent à toutes les forces, même à la pensée, cette merveilleuse résultante de nos sensations, qui ne peut se produire sans l'oxidation des cellules de l'écorce cérébrale.

Toute force naît d'une force et ne saurait disparaître sans faire place à une autre force.

Avec de l'électricité, par exemple, on fait de la chaleur, du mouvement, de la lumière, et on donne naissance à des actions chimiques ; et chacun de ces états de la force peut se transformer en un autre.

Ces phénomènes que l'on peut étendre à tous ceux de la nature suffisent à démontrer les deux principes énoncés en tête de ce chapitre.

Rien ne se perd ni ne se crée dans la nature. Tout se transforme, Force aussi bien que Matière.

DEUXIÈME PARTIE

Formation des Mondes

CHAPITRE PREMIER

NÉBULEUSE UNIVERSELLE

§ 1. — *Centres d'attraction. Formation des nébuleuses secondaires.*

A l'origine des temps antérieurs à l'aurore des mondes qui peuplent l'immensité, la matière remplissait uniformément l'espace de ses éléments confondus avec l'éther, et ce n'est que peu à peu que l'attraction, en rapprochant ces éléments, les a séparés de l'éther pour en former les nébuleuses.

L'éther, sur lequel l'attraction n'a aucune influence, à cause de sa ténuité, n'a pas été entraîné par la condensation et a occupé tout l'espace laissé libre, non seulement entre les nébuleuses, mais encore entre les particules de ces nébuleuses.

A l'état éthéré, cet immense Tout, d'où sont sorties les nébuleuses, formait un sphéroïde sans limites, qui tournait autour d'un axe, tout comme la la terre et les astres le font aujourd'hui.

Le mouvement de translation du soleil, avec tout son cortège de planètes, à travers l'espace, ainsi que celui des étoiles, tel que nous l'observons de nos jours, n'est que la continuation de l'impulsion, du mouvement primitif de la sphère éthérée, qui a donné naissance aux nébuleuses des systèmes planétaires.

Dans ces nébuleuses, le mouvement vibratoire de la matière, primitivement trop rapide pour être visible, s'est suffisament ralenti, pour donner naissance à la lumière, *mouvement vibratoire de la matière* moins rapide que la vibration primitive, et plus rapide que celui du calorique, troisième forme du mouvement vibratoire, qui dérive de la lumière qui. elle-même, n'est que du calorique à un degré supérieur d'énergie.

Nous avons vu que ce n'est que peu à peu que l'attraction a pu exercer son action sur la matière, dont les molécules, trop éloignées au début, ne subissaient que très faiblement son influence.

La vibration, qui primitivement régnait à peu près seule sur la matière, n'a été vaincue que progressivement par l'attraction.

Formation des nébuleuses solaires et sidérales.

Lorsque la matière à été suffisamment condensée, il s'est formé au sein de la nébuleuse universelle, dont nous avons décrit le mouvement, des centres d'attraction autour desquels se sont agglomérés des sphéroïdes immenses de matière cosmique d'une densité plus considérable que la nébuleuse mère, et qui sont devenus à leur tour les nébuleuses mères des innombrables systèmes planétaires qui peuplent l'Infini, et dont chaque noyau est le soleil respectif.

Chacune de ces nébuleuses a subi dans la nébuleuse universelle les mêmes lois que les planètes du système solaire dans la nébuleuse qui leur a donné naissance. Nous étudierons plus loin ces lois.

Ainsi donc, la diminution graduelle du calorique (forme de la vibration) et l'augmentation de l'attraction, ont modifié peu à peu l'état primordial et amené progressivement la matière au point où nous l'observons aujourd'hui : des corps solides, liquides ou gazeux, séparés les uns des autres, aussi bien les mondes que les molécules, par l'éther qui a échappé à la condensation de la nébuleuse.

Ce que nous connaissons de la matière est peu de chose ; nous savons que le calorique, dérivé de la lumière, en diminuant graduellement, a permis la manifestation de certaines forces connues sous le nom de forces physiques, affinité chimique, et Vie, qui ont peu à peu remplacé la force primitive.

Cet état de choses est-il le dernier, et une transformation plus complète du mouvement amènera-t-elle la manifestation de nouvelles forces, c'est ce que, dans l'état actuel de la science, il est impossible de prévoir.

Il est néanmoins permis de supposer que lorsque l'attraction sera arrivée à son extrême limite d'énergie, les vibrations éthérées, qui constituent la deuxième forme du mouvement, reprendront le dessus sur l'attraction et augmenteront progressivement jusqu'à ramener la matière à son état primitif : la nébuleuse, d'où elle reprendraient de nouveau sa marche vers l'extrême condensation.

La matière irait ainsi alternativement de l'état nébuleux à l'extrême condensation et de l'extrême condensation à l'état nébuleux et cela de toute éternité.

Suivant cette conception, la même somme du mouvement serait toujours identique, il y aurait seulement transformation de vibration en attraction et vice-versa.

CHAPITRE II

NÉBULEUSES SECONDAIRES

Formation des Mondes Planétaires

Nous avons vu que notre soleil, les étoiles et les mondes en formation qui constituent les nébuleuses, forment un immense ensemble qui tourne autour d'un axe infini qui est l'axe du monde.

La cause primordiale de ce mouvement échappe à l'esprit humain. D'où vient cette première impulsion ; nul ne le sait et ne peut le savoir.

On a constaté que ce mouvement est de mêm

sens que celui du soleil autour de son axe, des planètes autour du soleil, et des satellites autour de leurs planètes respectives ; c'est à dire de l'ouest à l'est.

La terre et toutes les planètes dont on à pu constater la rotation, tournent aussi sur leur axe de l'ouest à l'est.

Ces principes posés, nous allons expliquer comment ont pu se former les différents systèmes planétaires en prenant le nôtre pour exemple.

Nous avons vu comment, sous l'influence de la condensation résultant de la diminution de l'énergie des vibrations caloriques et de l'augmentation de l'attraction, il s'était formé, au sein de la nébuleuse mère, des noyaux plus denses qui sont devenus autant de centres d'attraction, autour desquels se sont groupé des atmosphères de matière cosmique, primitivement diffusée dans l'éther.

C'est un de ces noyaux, avec son atmosphère cosmique, qui a constitué la nébuleuse solaire d'où est sorti notre système planitaire.

En se séparant de la masse, la nébuleuse solaire a continué le mouvement que ses molécules avaient dans la nébuleuse mère. C'est ce mouvement qui transporte le soleil à travers l'espace, avec son cortège de planètes, suivant une orbite comparable à celles des planètes.

Indépendamment de ce mouvement orbitaire, la nébuleuse s'est mise à tourner sur elle-même autour d'un axe à peu près parallèle à celui de la grande nébuleuse.

Ce second mouvement s'explique de la façon suivante : avant leur séparation de la masse générale, les molécules les plus éloignées de l'axe de rotation avaient un mouvement plus rapide que les plus rapprochées, puisqu'elles parcouraient une plus grande circonférence pendant le même temps.

Ce mouvement se continuant dans la nébuleuse solaire devenue libre, les molécules éloignées ont entrainé les autres dans leur mouvement rotatoire de l'ouest à l'est.

Ce que nous venons d'expliquer peut se comparer à ce qui se passe lorsque, tenant un bâton par un bout, on le fait tourner rapidement pour le lancer dans l'espace : au moment où on le lâche, l'extrémité la plus éloignée de la main entraine l'autre et le bâton se met àtourner lui même, dans le sens du mouvement du bras qui l'a lancé.

La force centrifuge développée par ce mouvement rotatoire à porté la matière en plus grande quantité à la partie équatoriale de la nébuleuse qui a pris la forme lenticulaire.

Lorsque l'équilibre a été établi entre la force centrifuge et l'attraction exercée par le noyeau (soleil) dans le bord lenticulaire, ce bord à formé une zone qui, par suite de la condensation progresive et non interrompue de la nébuleuse centrale, s'en est complétement séparée sous la forme d'un anneau omme ceux que nous voyons autour de Saturne.

Mais, par suite de l'attraction réciproque des molécules de cet anneau, son calorique a diminué, et il s'est condensé sous la forme globulaire qui est celle que prend la matière lorsque ses molécules obéissent aux seules lois de leur mutuelle attraction, depuis la simple goutte de pluie, jusqu'à l'astre les plus gros.

Le globe ainsi formé à subi les mêmes lois que celles que nous avons exposées pour la nébuleuse ; il a continué à tourner d'un mouvement de translation, de même sens que l'anneau, remplacé à peu de chose près, par l'orbite suivi par l'astre en formation.

Indépendamment de ce mouvement de translation suivant son orbite, l'astre naissant à pris un mouvement rotatoire autour de son axe, ayant la même nature et la même cause que celles que nous avons données pour la nébuleuse solaire.

Le premier astre sorti d'une nébuleuse est nécessairement le plus éloigné du noyau, dans notre système, c'est Neptune.

Après s'être séparée de la première zone (zone Neptunienne), la Nébuleuse solaire a dû accélérer son mouvement pour former une deuxième zone, celle d'Uranus ; car cette zone étant plus rapprochée du noyau central (soleil) a été plus attirée, et il a fallu une plus grande vitesse de rotation de la nébuleuse pour faire équilibre à l'attraction, et maintenir la zone à la distance de l'orbite d'Uranus.

Ce qui précède s'applique à toutes les autres planètes et à notre globe ; chaque fois qu'une nouvelle zône s'est séparée de la nébuleuse solaire, la vitesse de rotation de cette nébuleuse a augmenté de manière à maintenir l'équilibre entre l'attraction centrale et la force centrifuge résultant du mouvement de rotation.

C'est cet équilibre qui a rendu possible la formation de zones de plus en plus rapprochées d'où sont sorties de nouvelles planètes dont Mercure est aujourd'hui la dernière.

Au moment de la formation Neptunienne qui est le plus reculée, la zone superficielle de la nébuleuse solaire qui a donné naissance à la planète tournait avec une vitesse de 5 k. et demi à la seconde seulement.

Cette vitesse est devenue 7 kilomètres par seconde pour Uranus, 10 pour Saturne, 13 pour Jupiter, 24 pour Mars, 30, 5 pour la Terre; 35 pour Vénus et 48 pour Mercure. Enfin à la surface solaire la vitesse est actuellement de 52 k. par seconde.

Les vitesses que nous venons de donner sont en chiffres ronds et ne sont qu'approximatifs; ils suffisent néanmoins pour se faire une idée de l'augmentation de la vitesse de rotation de la nébuleuse à mesure de la diminution de son rayon; diminution résultant de l'abandon dans l'espace des zones planétaires.

TROISIÈME PARTIE

ÉVOLUTION DE LA MATIÈRE ET DE LA FORCE

Sur les Planètes

CHAPITRE PREMIER

ETATS DIVERS DE LA MATIÈRE

Dans l'état d'incandescence où se trouvaient les planètes au moment de leur formation, leurs molécules se trouvaient encore trop éloignées les unes des autres, pour pouvoir passer de l'état cosmique à l'état *Minéral*.

Ce n'est qu'en continuant à se refroidir (augmentation d'attraction d'un côté et diminution des vibrations de l'autre), qu'elles ont permis aux forces chimiques de se manifester et de se former des assemblages moléculaires qui, sous l'influence de l'affinité, constituent les minéraux.

Suivant la loi inexorable qui régit les mondes, le calorique continuant sa transformation lente et séculaire, a fait place à une nouvelle force : *La vie organique*, sous l'influence de laquelle sont apparus les végétaux d'abord, puis les animaux.

Comme les minéraux étaient nés de la matière cosmique sous l'influence des affinités chimiques, les végétaux puisèrent à leur tour dans les minéraux leurs éléments constitutifs, sous l'action de la vie organique.

La déperdition lente et incessante du calorique se continuant à travers les siècles, une nouvelle force, différente de ses aînées, est encore venue modifier les propriétés et l'état de la matière. Cette force est la vie animale qui donne aux êtres la faculté de se déplacer volontairement.

Les êtres soumis à l'influence de cette force, au lieu de puiser directement, dans le règne minéral, leurs éléments moléculaires, ont dû avoir recours aux végétaux, chaînon intermédiaire entre le règne minéral et le règne animal, de même que le règne minéral est le trait d'union entre l'état cosmique et les végétaux.

Aux époques géologiques où les végétaux couvraient seuls la surface du globe, il leur eut été aussi impossible de vivre de matière cosmique qu'il le serait aujourd'hui aux animaux de se nourrir exclusivement de minéraux.

Chaque règne prépare les matériaux du suivant, le règne minéral groupe ou isole les atômes de la matière cosmique en molécules, qui, par leurs combinaisons, produisent les différents minéraux.

Le végétal choisit parmi ces minéraux ceux qui conviennent à la constitution de sa substance, ces minéraux sont l'eau, l'acide carbonique et différents sels.

Les animaux prennent à leur tour parmi les végétaux ceux qui sont propres à leur nourriture.

La chaîne s'arrêtera-t-elle au règne animal tel que nous le constatons aujourd'hui, et l'homme est-il le dernier mot de la création, comme le supposait l'ancienne philosophie ? L'incessante évolution de la matière et l'avenir infini réservé à son existence répondent non.

Cette incessante évolution durera tant que l'impérissable matière sera soumise à l'indestructible force.

CHAPITRE II

TRANSFORMATIONS DE LA MATIÈRE DANS LES TROIS RÈGNES EN GÉNÉRAL

Après avoir suivi la matière dans son évolution générale, nous allons étudier sa marche incessante du minéral au végétal, du végétal à l'animal et de l'animal au minéral.

C'est par l'action des forces qui régissent la matière, sous les noms d'affinité, de chaleur, de lumière et d'électricité que ses molécules passent d'un règne à l'autre.

C'est l'affinité chimique qui donne à l acide carbonique, à l'eau et à l'oxygène une puissance qui pulvérise les plus dures roches et les rend assimilables aux végétaux.

Si la plante trouve dans nos champs le silicate de potasse qui lui permet de croître, c'est au feldspath décomposé qu'elle le doit. C'est par la décomposition de l'apatite, si riche en phosphate de chaux et en fluor, que l'acide phosphorique et le fluor parviennent à l'orge, à notre sang et à nos os.

Par leurs excrétions et leur décomposition, les animaux nourrissent la plante et lui rendent ainsi ce qu'ils lui ont emprunté.

La plante puise à son tour dans le sol et l'air les éléments qu'elle transforme en principes immédiats solides, dont elle nourrit l'animal.

Les carnivores vivent d'herbivores et deviennent eux-mêmes la proie de la mort, qui restitue au monde minéral et au végétal les éléments d'une nouvelle évolution.

La destruction sert de base à la construction, et la mort n'est que le rajeunissement de la matière.

CHAPITRE III

ÉTAT MINÉRAL, PASSAGE DE L'ÉTAT COSMIQUE A L'ÉTAT MINÉRAL

Affinité chimique

Nous avons vu que le refroidissement de la matière cosmique, en rapprochant les atômes, a permis à l'affinité chimique de se manifester.

Sous l'influence de cette force, un nouveau groupement de la matière s'est produit dans les corps en formation.

De même que la vie organique communique à la cellule végétale ou animale la faculté de choisir dans le milieu ambiant les matériaux qui conviennent à sa constitution, de même l'affinité chimique a donné à l'atôme cosmique la propriété de s'associer à d'autres atômes de son choix pour former les minéraux divers qui entrent dans la constitution des astres.

L'affinité chimique est, en quelque sorte, le principe vital des minéraux ; sans elle, tous les éléments matériels seraient restés confondus dans le chaos primordial.

Dans l'état actuel, les minéraux subissent les mêmes lois ; dans la nature aussi bien que dans nos laboratoires, c'est l'affinité qui préside à leur formation.

Dans la grande majorité des cas, il ne suffit pas

de mettre les corps en contact pour que l'affinité chimique exerce son action ; il faut encore, soit diminuer la cohésion au moyen du calorique jusqu'à ce que l'affinité chimique l'emporte ; ou bien modifier l'état électrique des corps de telle sorte que les molécules chargées d'une même électricité se repoussent d'abord, pour se réunir ensuite à d'autres chargées d'électricité contraire.

CHAPITRE IV

VIE ORGANIQUE VÉGÉTALE, PASSAGE DE L'ÉTAT MINÉRAL A L'ÉTAT VÉGÉTAL

§ 1. — *Alimentation végétale*

Les conditions nécessaires à l'existence des plantes sont : 1° une terre végétale ; 2° de l'eau ; 3° de l'air ; 4° de la chaleur et 5° de la lumière.

L'absence d'une seule de ces conditions suffit pour suprendre la vie végétative.

La terre végétale se compose minéralogiquement, de sable, d'argile, de craie, de magnésie, de fer et de différents autres sels provenant de la désagrégations des roches, sous l'influence des agents atmosphériques.

Elle contient en dissolution les restes des animaux et des végétaux qui se sont succédés depuis que la vie s'est manifestée pour la première fois.

L'*Eau*, composée d'hydrogène et d'oxygène, est l'agent principal du mouvement de décomposition des matières organiques. Elle sert de véhicule aux principes nourriciers qu'elle tient en dissolution.

L'*Air*, composé d'oxigène, d'acide carbonique et d'azote, fournit à la plante le carbone qui entre dans la composition de ses tissus.

La *Chaleur* est, comme l'eau, indispensable à la décomposition des matières organiques ; de plus elle agit comme stimulant sur les tissus végétaux.

Concurremment avec la chaleur, la *lumière* stimule les plantes par ses vibrations. C'est sous son influence que les parties vertes décomposent l'acide carbonique.

C'est également sous cette influence que les plantes engendrent les sucs odorants, les huiles volatiles, les matières extractives, balsamiques, résineuses, colorantes qui les rendent si utiles.

Privées de chaleur et de lumière, les plantes perdent leurs qualités, dépérissent et meurent.

§ 2. — *Mouvement général des liquides dans les végétaux*

C'est par ses racines et ses feuilles que le végétal emprunte au minéral la matière nécessaire à son existence.

Cet emprunt s'exécute sous l'influence des forces connues sous le nom d'endosmose et d'exosmose, et aussi en vertu de certaines affinités (1), analogues aux affinités du règne minéral, qui existent entre les sucs des racines et les liquides de la terre ; ainsi qu'entre le liquide des feuilles et le carbone.

L'eau de la terre, tenant en dissolution les diverses substances minérales énumérées précédemment, entre dans les racines par leurs extrémités ; de là, sous le nom de *sève ascendante*, elle monte par ces racines, puis par la tige à travers le corps ligneux, tant par les canaux directs que lui offrent les vaisseaux, que par les fibres et les cellules qu'elle traverse successivement, dissolvant et s'appropriant diverses substances nouvelles destinées à être expulsées.

Cette marche de bas en haut et du dedans en dehors est la même dans les feuilles et à la surface de l'écorce, où la sève est en rapport avec l'air extérieur, et où elle perd la majeure partie de son eau qui s'échappe au dehors à l'état de vapeur.

De même que dans l'animal les poumons ne se bornent pas à expulser de l'eau et de l'acide carbonique, de même les feuilles et les parties vertes des

(1) Ces affinités constituent la *sensibilité organique* dont la nature est aussi inconnue dans un règne que dans l'autre. On ne sait pas plus pourquoi tel atôme se réunit de préférence à tel autre, qu'on ne sait pourquoi tel organe d'une plante ou d'un animal s'assimile telle ou telle partie de la sève ou du sang, de préférence à telle ou telle autre parmi les substances qui entrent dans leur composition.

plantes ont d'autres fonctions que l'expulsion de la vapeur d'eau.

Sous l'influence de la lumière, les feuilles et les parties vertes décomposent l'acide carbonique, retiennent le carbone avec un peu d'oxygène, dont le reste, devenu libre, se dégage dans l'air.

L'acide carbonique ainsi décomposé provient en grande partie de l'air ambiant ; une faible partie paraît provenir de l'intérieur de la plante d'où elle ne s'est pas dégagée pendant la nuit.

C'est en effet pendant la nuit seulement, que la décomposition de l'acide carbonique cesse, et que ce qui reste dans la plante peut en grande partie se dégager et être remplacé par de l'oxygène.

Sous l'influence de la lumière, les parties vertes du végétal fixent donc le carbone de l'acide carbonique et laissent son oxygène en liberté, tandis qu'en son absence, l'acide carbonique n'étant pas décomposé, l'oxygène,moins dense que lui,vient prendre sa place dans la plante en vertu des lois de l'endosmose.

Ce qui revient à dire que sous l'influence de la lumière, la plante dégage de l'oxygène et absorbe de l'acide carbonique, et que le contraire à lieu dans l'obscurité.

Mais la balance n'est pas égale ; car le carbone fixé, et par suite l'acide carbonique décomposé, est bien plus considérable que l'oxygène retenu par la plante.

Les plantes rendent à l'air l'oxygène consommé par la respiration animale, et à leur tour les animaux lui restituent sous forme d'acide carbonique le carbone que les plantes y puisent.

Après avoir subi le contact de l'air par son passage dans les feuilles et les parties vertes, la sève possède les qualités nécessaires à la nutrition de la plante.

Elle redescend alors vers les racines en passant sous l'écorce où elle abandonne les éléments indispensables à l'accroissement de la plante ainsi que les résidus destinés à être expulsés.

Revenue à son point de départ, elle y puise de nouveaux éléments auxquels elle fait parcourir le même cycle et subir les mêmes transformations.

Toutes ces transformations ne sauraient se produire sous l'intervention de cette force mystérieuse qu'on appelle la vie organique (ou affinité végétale). L'affinité chimique ne saurait y suppléer.

Un tissus organique ne saurait sortir d'une cornue.

CHAPITRE V

VIE ANIMALE

PASSAGE DE L'ÉTAT VÉGÉTAL A L'ÉTAT ANIMAL

1. — *Propriétés de la matière animale*

La matière animale, comme les tissus végétaux, se forme en vertu d'une certaine affinité mystérieuse qui existe entre les éléments des différents tissus qui constituent l'organisme et ceux qui sont en dissolution dans le sang.

Cette affinité est la vie organique animale. C'est sous son influence que les tissus s'emparent des matériaux nécessaires à leur constitution, et mettent en liberté ceux qui proviennent de leur décomposition et sont destinés à être rejetés au dehors.

Ces phénomènes d'assimilation et de désassimilation ont une grande ressemblance avec les combinaisons et les décompositions chimiques ; il y a pourtant une grande différence, qui consiste dans l'intervention de l'influx nerveux fourni par la moelle épinière et le grand sympathique. C'est dans ce fait que réside l'impossibilité de produire chimiquement une matière animale.

Les animaux ne trouvent pas, comme la plante, leurs aliments sur place, ils sont obligés de se déplacer pour les mettre à proximité de leurs organes. C'est cette faculté de déplacement qui distingue l'animal du végétal et qui lui permet de mettre en contact les aliments avec les organes chargés de les absorber.

En comparent l'animal au végétal on constate que l'intestin est la terre où les animaux puisent leur nourriture, les chylifères représentent leurs racines ; les veines, les vaisseaux du tronc ; le poumon les feuilles ; et les artères, les vaisseaux de la sève descendante.

§ 2. — *Des aliments*

Ainsi que nous venons de le voir, pour qu'un animal puisse vivre, il faut qu'il puisse se déplacer pour puiser au dehors les éléments nécessaires au renouvellement du tissu de ses organes, et à la production des forces dont l'ensemble constitue la *vie animale*.

Ces éléments sont : le carbone, l'azote, l'hydrogène et l'oxygène, auxquels il faut ajouter, différents sels qu'on retrouve dans la cendre des animaux incinérés.

Ces différents corps existent dans le sang à l'état d'albumine, de sucre et de graisse. C'est sous ces diverses formes qu'ils sont mis en rapport avec les tissus pour être absorbés.

Pour que le corps d'un animal adulte conserve son poids normal, il faut que les aliments, joints à l'oxygène puisé dans l'air par la respiration, aient exactement le même poids que le carbone, l'azote, l'hydrogène rejetés au dehors sous forme d'acide carbonique, d'eau, d'ammoniaque et d'excréments.

Les aliments se divisent en deux grandes classes : les aliments plastiques et les aliments combustibles.

Les aliments plastiques servent surtout à la formation des tissus et les aliments combustibles à la production des forces.

C'est par la combinaison de leur carbone avec l'oxygène fourni par la respiration, que ces derniers produisent les forces vitales : chaleur animale, influx nerveux et contraction musculaire.

§ 3. — *Assimilation des aliments*

Après avoir été introduits dans le tube digestif, les aliments subissent différentes modifications sous l'action des sucs digestifs avant d'être propres à être absorbés dans les villosités intestinales par les vaisseaux chylifères, véritables racines de l'animal.

Pendant que les éléments non assimilables du bol alimentaire continuent à suivre l'intestin pour être expulsés au dehors, avec les sucs nutritifs qui n'ont pas été utilisés ; les éléments assimilables absorbés par les chylifères remontent avec le sang vers le poumon.

C'est dans cet organe que l'oxygène est absorbé, et que l'eau et l'acide carbonique en excès dans le sang sont expulsés au dehors.

En sortant du poumon, le sang a puisé au dehors tous les éléments qui sont nécessaires, tant à la nutrition des tissus, qu'à la production des forces vitales.

Du poumon, ces matériaux sont charriés par le sang jusqu'aux capillaires, où le sang les abandonne aux tissus.

L'oxygène, en pénétrant les tissus les détruit en les brûlant ; et les matières nutritives puisées dans l'intestin les reconstituent.

§ 4. — *Désassimilation des tissus*

Le rôle du sang ne se borne pas à apporter aux tissus des éléments de destruction et de reconstruction, il doit en même temps reprendre les débris provenant de la destruction (acide carbonique, eau, etc) et les conduire aux organes chargés de les expulser au dehors.

Les organes chargés de cette expulsion sont : le

poumon pour l'acide carbonique et la vapeur d'eau, le rein pour l'urine, et la peau pour la vapeur d'eau non expulsée par le poumon.

CHAPITRE VI

PRODUCTION DES FORCES VITALES

Chez l'animal

Nous venons de voir que l'oxygène, en pénétrant dans les tissus, produisait leur combustion. C'est cette combustion qui donne naissance à la chaleur animale et à la force nerveuse,

Chaleur animale. La chaleur animale se développe dans tous les tissus. C'est elle qui dilate la fibre musculaire.

Un cinquième environ est transformé en mouvement par les muscles sous l'influence de l'influx nerveux.

Le surplus reste à l'état de chaleur sensible, perceptible par le thermomètre, et se perd par le rayonnement ou par l'évaporation qui se produit à la surface de la peau et dans l'appareil pulmonaire.

Force nerveuse, — De même que l'oxidation du zing d'une pile produit l'électricité; la force nerveuse est le résultat d'une oxidation ; celles des cellules nerveuses. C'est dans ces cellules qu'elle s'accumule en tension, et c'est de là qu'elle se rend aux muscles par les nerfs qui en sont les fils conducteurs, pour leur porter l'excitation nécessaire à la transformation de leur chaleur en mouvement.

Pour mettre en liberté et envoyer aux muscles l'influx nerveux nécessaire à leur contraction, les cellules nerveuses ont besoin de recevoir une excitation.

Cette excitation a reçu le nom de *sensation*.

Les sensations se divisent en deux grandes classes.

Elles s'appellent *conscientes* et sont l'origine des mouvements volontaires, lorsque l'animal en a connaissance.

Elles sont recueillies dans le monde extérieur au moyen des *sens*, et sont transmises par les nerfs au cerveau où elles sont transformées en idées. Ces idées associées et coordonnées constituent l'intelligence et, comme conséquence, la volonté, sous l'influence de laquelle s'exécutent tous les mouvements constitutifs de nos actes.

Le sensations sont *inconscientes* et sont la cause des mouvements automatiques lorsque l'animal n'en a aucune connaissance. Leur origine se trouve dans la profondeur des organes où elles sont perçues pour être transmises à la moelle épinière.

Tous les actes de la vie organique, tels que la nutrition, la circulation, les sécrétions etc. sont sous leur dépendance.

Ces sensations sont élaborées et transformées en actes par les cellules grises de la mœlle épinière et du grand sympathique, qui envoient aux tissus, par les filets nerveux, l'exitation nécessaire à la vie organique proprement dite.

CHAPITRE VII

SENSATIONS CONSCIENTES

Les sensations conscientes que nous avons défini dans le chapitre précédent sont les aliments de nos idées. Elles sont puisées au dehors par des organes spéciaux et parviennent par les nerfs sensitifs au cerveau où elles sont emmagasinées par les cellules grises de la couche la plus superficielle de l'écorce cérébrale.

La sensation est le résultat d'un contact, qu'il s'agisse du toucher, du goûter, de l'odorat, de l'ouïe ou de la vue.

Pour le toucher, l'odorat et le goût, le contact est direct ; pour l'ouïe et la vue, il est transmis par les vibrations du milieu ambiant, air ou éther ; il en est de même pour la sensation de chaleur.

La sensation diffère suivant la nature et l'énergie du contact et aussi suivant qu'il est répété plus ou moins rapidement.

Ainsi pour avoir l'impression du toucher, du goût et de l'odorat le simple contact suffit ; celle de l'ouïe exige un contact répété de l'air en vibration, et enfin celle de la chaleur et de la lumière est occasionnée par les chocs répétés de l'éther mis en vibration par le corps chaud ou lumineux.

De plus, à l'exception du toucher et de la chaleur qui sont perçus par toutes les parties du corps, chacune des autres sensations est perçue par un organe particulier : l'odorat par le nez, l'ouie par l'oreille et la vue par l'œil.

Ce qui reste à dire des sensation à déja été traité au chapitre *Matière et Sensation* (page 2.

CHAPITRE VIII

RÉCEPTION ET ÉLABORATION DES SENSATIONS

§ 1. — *Définitions*

Nous avons déjà dit que les sensations étaient le résultat des vibrations de la matière extérieure perçues par nos sens et transmises à l'écorce cérébrale par les filets nerveux pui composent la substance, blanche des nerfs de la moelle et du cerveau.

C'est par le sommet des cellules sous méningées qu'elles pénètrent dans la substance grise corticule.

M. le Dr Luys a constaté que la substance grise. qui constitue l'écorce cérébrale, se compose de deux couches de cellules de diverses grandeurs dont les plus petites occupent les parties les plus superficielles ou sous-méningées du cerveau, et les plus volumineuses les régions profondes où elles sont deux fois plus grosses que les plus superficielles.

Cette augmentation en grosseur se fait d'une manière graduelle, il est donc impossible de déterminer anatomiquement le nombre et la limite des couches.

Toutefois l'étude attentive des fonctions de cette

partie importante du cerveau permet de supposer que l'écorce peut se diviser en trois couches.

1° La couche sous-méningée, à laquelle on a donné le nom de *sensorium*, est destinée à recevoir et à conserver les sensations, c'est le siège de la *sensibilité* et de la *mémoire*.

2° Une couche moyenne, chargée de puiser et de choisir dans le sensorium les impressions et de les associer ensuite pour former des idées, c'est le siège de l'*intelligence*.

3° Enfin une couche plus profonde qui, excitée par la couche moyenne, produit l'influx moteur qui transforme nos idées en actes.

En résumé, nous sentons par la première couche, nous jugeons par la deuxième et nous agissons par la troisième.

§ 2. — *Réceptions des impressions* (*attention*)

La réception des impressions par le sensorium se fait automatiquement ; nous pouvons bien dérober nos sens aux impressions, mais une fois qu'elles sont perçues, nous ne sommes pas plus libres de ne pas les ressentir que d'empêcher une ecchymose de succéder à un traumatisme.

Lorsque plusieurs impressions arrivent en même temps au cerveau, il y a confusion, et la perception en devient, sinon nulle, du moins imparfaite.

Cette confusion cesse par l'*attention*, qui consiste dans la propriété qu'ont les cellules cérébrales de concentrer leur activité sur un ordre d'impressions déterminé, à l'exclusion de toutes les autres sensations.

C'est ainsi qu'une personne qui lit avec attention, n'entend pas ce qui se passe autour d'elle, et que, lorsqu'on est fortement préoccupé, on passe à côté d'une personne connue sans la voir.

La plupart des hommes ne possèdent qu'à un faible degré le pouvoir de détourner, au profit d'un sens, une partie de l'attention répartie sur les autres.

Les profonds penseurs, les grands poètes et les artistes réels ont seuls cette faculté à un haut degré.

C'est assez dire que, plus cette faculté sera développée, plus les impressions seront nettes et plus parfaites en seront les idées qui en résultent.

Dans l'état hypnotique, le sommeil particulier dans lequel le sujet se trouve plongé, permet de concentrer son attention sur un seul sens ou sur une seule faculté.

Il entend alors des sons, perçoit des odeurs imperceptibles pour d'autres ; il exécute des efforts musculaires dont il serait incapable dans son état normal.

Certains problèmes, qu'il ne pourrait résoudre à l'état de veille lui deviennent faciles pendant l'état hypnotique.

Sous l'influence de cette puissante faculté on peut aussi faire revivre des souvenirs éteints depuis longtemps et revoir des personnes et des choses disparues et qu'on revoit telles qu'on les a connues.

§ 3. — *Conservation des impressions* (*Mémoire*)

Les sensations sont perçues par les cellules du sensorium et y laissent leur trace ; cette trace, évoquée plus tard sous l'influence de l'attention, que nous venons d'étudier, fait reparaître la sensation primitive plus ou moins pâlie.

C'est à ce phénomène qu'on donne le nom de *mémoire*.

C'est la plus importante des facultés cérébrales, car sans elle, la comparaison des sensations, base de la formation des idées, deviendrait impossible. L'homme serait toute sa vie ce qu'il était le jour de sa naissance.

C'est la mémoire qui constitue la personnalité d'un individu et celle-ci disparaît en même temps que la première.

On peut comparer la mémoire dit Luys, à « la propriété qu'ont les vibrations lumineuses de pouvoir être emmagasinées sur une feuille de papier photographique, et de persister pendant un temps plus ou moins long, prêtes à paraître à l'appel d'une substance révélatrice. »

Ici le papier photographique n'est autre chose que la cellule nerveuse, et la substance révélatrice, l'attention.

Il semblerait d'après celà, que les cellules nerveuses, disparaissant par la désassimilation incessante du tissus cérébral, la trace laissée par l'impression sensoriale disparaît avec elle. Il n'en est pourtant rien, cette impression est transmise par atavisme de la cellule qui meurt à la cellule qui naît.

§ 4. — *Association et comparaison des sensations. Formations des idées. Intelligence*

Nous avons vu que c'est dans la couche moyenne que se fait l'association et la comparaison des impressions perçues et conservées par le sensorium.

Cette faculté d'association et de comparaison a reçu le nom d'*intelligence*; c'est par elle que nous avons l'*idée* ou la connaissance des objets qui nous entourent.

Ainsi, nous trouvons nous en présence d'un corps que nos sensations nous ont révélé comme solide, dur, très lourd, jaune, opaque, d'une sonorité particulière, d'une saveur métallique et n'ayant pas d'odeur sensible, toutes ces sensations associées nous donnent l'idée d'un corps particulier que nous avons appelé *or*; et la même idée se renouvellera toutes les fois que l'ensemble des mêmes impressions se reproduira.

Si elles ne se reproduisait pas toutes, l'idée ne serait plus la même.

Nous aurons en effet l'idée du *laiton* si, sous des apparences communes, nous constatons que le corps est moins pesant que l'or, qu'il est moins dur, plus oxidable, que son brillant se conserve moins bien lorsqu'il est travaillé, et qu'il n'a plus la même sonorité.

La différence s'accentue encore si nous considérons le cuivre et le fer qui, alors, n'ont plus la même couleur.

La variété des idées que nous nous faisons de la nature des corps dépend donc uniquement de l'ensemble des impressions sensoriales que ces corps ont faites sur les cellules cérébrales.

Si deux corps de même nature affectent deux formes différentes ou si deux corps de formes différentes sont de nature différente, ils donneront naissance à des idées différentes.

Ainsi deux objets en or, un anneau et une chaîne, donnent bien une idée commune, celle de l'or; mais cette idée est modifiée par celle qui se rapporte à la forme qui la fait différente.

De même deux anneaux, un en or et un en argent seront bien deux anneaux, mais comme la nature du corps ne sera pas la même, ils feront naître deux idées différentes.

Il est facile de voir, d'après ce qui précède que, toutes choses égales d'ailleurs, nos idées seront d'autant plus complètes que nos sens seront plus parfaits.

Ainsi bandons-nous les yeux et bouchons-nous les oreilles, nous ne saurons plus reconnaître, que par le poids, si un objet est en or, en cuivre, en argent ou en fer, et, si notre sens tactile n'est pas bien développé, il nous sera impossible d'établir une distinction entre ces métaux.

Il ne faudrait cependant pas conclure de là que la

perfection des sensations soit seule suffisante à la production nette des idées.

Il faut encore que les parties de l'organe cérébral, chargées de les recevoir et de les élaborer, soient saines et bien conformées.

Il n'est pas plus possible à un cerveau mal conformé de produire des idées nettes avec des sensations parfaites, qu'il n'est possible à un mauvais estomac de bien digérer de bons aliments.

C'est surtout la différence de sentir et d'associer les impressions conservées par la mémoire, qui constitue la personnalité. Il y a autant de manière de sentir et de juger qu'il y a de cerveaux différents.

Nous avons déjà vu que la réception et la conservation se font automatiquement, il en est de même des associations qui forment les idées ; il n'est donc pas en notre pouvoir que telle groupe d'impressions produise une sensation agréable ou désagréable, ou telle idée plutôt que telle autre.

Nous ne jugeons pas tous de la même façon ; une impression agréable à l'un peut déplaire à l'autre ; chacun prend, comme on dit, son plaisir là où il le trouve.

§ 5. — *Communication des idées*

Nous avons démontré que les choses qui nous entourent ne nous sont connues que par l'ensemble des impressions qu'elles produisent sur nos sens.

Une bonne description, c'est-à-dire l'énumération des sensations de couleur, de forme, de poids etc.

qu'on éprouverait si on se trouvait en présence d'un objet, nous fera connaître cet objet aussi bien que si nous avions éprouvé nous-mêmes ces sensations.

C'est ce qui explique comment les idées peuvent se transmettre par le langage parlé, écrit ou mimé. Mais pour cela, il faut que les sens et le cerveau soient identiques, et qu'ils aient déjà subi les impressions sensorielles qui se rattachent à l'objet décrit, ou à un objet semblable.

Ainsi, si nous prenons cinq personnes ; la première jouissant de tous ses sens, et les quatre autres infirmes de naissance ; et que parmi ces dernières, il y ait un aveugle, un sourd, un paralytique, et enfin un malheureux qui réunisse ces trois infirmités.

A la première nous pouvons faire connaître les choses telles que nous les avons perçues ; mais il nous sera impossible de faire connaître la couleur à l'aveugle, la sonorité au sourd, la température et le poids au paralytique.

Quant au malheureux privé de la vue, de l'ouïe et du sens tactile, la vie intellectuelle sera fermé pour lui ; il pourra vivre de la vie végétative si on le nourrit, mais ce sera tout.

Nous avons encore dit que, pour qu'une impression puisse nous être communiquée, il était nécessaire de l'avoir déjà ressentie.

En effet un enfant à qui on dira qu'un objet est rouge ne comprendra pas s'il n'a déjà vu cette couleur ; il se trouvera dans le même cas que l'aveugle.

Enfin, par l'éducation, nous arrivons à nous faire

comprendre des animaux ; mais il existe une multitude d'idées que l'infériorité de leur cerveau ne nous permet pas de leur communiquer.

Il en est de même lorsque nous avons affaire à un homme dont le cerveau est mal conformé.

§ 6. — *Idées formées par les choses immatérielles*

Les choses immatérielles telles que nous les concevons, ne sont pas des êtres, elles ne représentent, à proprement parler, que des états ou des manières d'être de la matière, ou bien un ensemble de faits accomplis par elle, qui arrivent à notre connaissance par l'intermédiaire des sens.

Les idées de son, chaleur, lumière, électricité, etc, sont respectivement formées par un certain nombre de sensations qui ne sauraient se produire sans matière, puisqu'elles n'en représentent que les vibrations plus ou moins fortes, ou plus ou moins rapides.

L'idée intelligence, pensée, représente une somme de connaissances élaborées et conservées par le cerveau, et non un être particulier.

Celles de confiance, d'espérance, de colère, de symphathie, de répulsion, etc, représentent diverses sensations internes qui naissent aussi de faits extérieurs perçus par nos sens ; faits qui les flattent ou les blessent.

Quant aux êtres immatériels, soit disants indépendants de nos sens, appelés mystères, et créés par l'imagination des spiritualistes, ils ne peuvent être connus qu'en leur donnant par comparaison les propriétés des êtres matériels.

Ce n'est qu'en donnant à l'âme les propriétés du système nerveux sensitif, à la divinité les passions et les sentiments humains ; aux esprits bienfaisants où malfaisants, anges et démons, des formes et des sentiments en rapport avec l'idée qu'on s'en forme par comparaison, qu'on a pu essayer d'expliquer les théories qui se rapportent à leur existence.

Aussi tombe-t-on dans l'incompréhensible toutes les fois qu'on parle de choses inaccessibles à nos sens, comme l'infini, le principe du mouvement et et tant d'autres choses que nous pouvons constater sans les expliquer.

CHAPITRE IX

TRANSFORMATION DES IDÉES EN ACTES

§ 1. — *Volonté*

Après l'étude de l'association dans la 2e couche des vibrations sensoriales reçues et emmagasinées dans la 1e couche, nous allons examiner ce qu'elles deviennent dans la 3e couche corticale après avoir été transformées en idées dans la 2e.

Ces idées sont de deux sortes, les unes nous présentent les choses extérieures comme agréables, et nous cherchons à nous en rapprocher, tandis que les autres résultent d'impressions désagréables et nous portent à nous en éloigner.

Ces deux sortes d'idées sont les éléments de l'acte volontaire.

En passant dans la troisième couche, les vibrations qui constituent l'intelligence, subissent une modification et deviennent la *volonté* (1) sous l'action de laquelle s'exécutent les actes.

C'est l'intelligence qui, par l'association des idées, inspire nos paroles, nos écrits et nos actes ; et la recherche de ce qui plait est si bien le mobile de nos actes que, lorsque la justice recherche l'auteur d'un crime, c'est celui qui avait intérêt à le commettre qu'elle accuse.

S'il nous arrive quelquefois de sacrifier notre intérêt personnel, c'est que nous y trouvons une satisfaction morale supérieure.

Dans un autre ordre d'idées, nous faisons souvent ce qui nous déplaît pour éviter ce qui nous serait plus désagréable. Ne savons-nous pas, dit Luys, combien le sentiment de la douleur physique des châtiments corporels, si vivace chez les animaux qu'on soumet au dressage, est, pour l'homme, le guide le plus sûr de sa conduite, et l'avertissement le plus fidèle qui le porte à éviter les infractions qui pourraient provoquer leur retour.

§ 2. — *Transmission des vibrations motrices*

Une fois que, sous l'influence de la volonté, l'acte agréable ou non est décidé, les vibrations des cellules motrices de la 3e couche sont transmises par les fibres de la substance blanche au cervelet qui

(1) Pouvoir excito moteur des physiologistes.

les régularise, puis parviennent par les nerfs moteurs aux muscles intéressés qui doivent concourir aux mouvements propres à l'acte à exécuter.

Tous nos actes volontaires ne sont, en résumé, qu'un ensemble de mouvements ayant pour but de mettre nos sens à portée d'impressions agréables, ou de les soutraire à celles qui peuvent être désagréables.

Si, ainsi que nous l'avons déjà dit, il nous arrive quelquefois de subir volontairement ces dernières, c'est pour nous procurer une somme de satisfactions, sinon supérieure, du moins égale à la peine que nous prenons.

Ainsi, nous nous rapprochons pour mieux voir un objet qui nous plaît ; nous nous éloignons, nous détournons la tête et nous fermons les paupières, pour le perdre de vue s'il est répugnant.

Que des sons harmonieux frappent nos oreilles, vite nous nous plaçons pour mieux entendre ; tandis que nous nous bouchons les oreilles et que nous fuyons pour éviter l'audition de bruits désagréables.

Si nous nous exposons à tant de dangers et de fatigue pour faire l'ascension d'une haute montagne, c'est pour avoir la satisfaction de jouir du point de vue qu'offre son sommet.

§ 3. — *Mouvements volontaires — Contraction et extension musculaire*

Nous savons que l'électricité a la propriété de faire contracter les muscles. Nous pensons que l'influx nerveux excito-moteur, qui a la même propriété, a une certaine analogie avec le fluide électrique. Son origine est la même : une oxidation qui, dans la pile, est celle du zing, et, dans le cerveau, celle des cellules grises.

Ceci exposé, examinons comment la contraction musculaire peut se produire sous l'influence de l'un ou l'autre influx.

Lorsque l'influx arrive dans la fibre musculaire, il y remplace en partie le calorique (1) qui, en disparaissant, emporte avec lui une partie de la force expansive qui maintenait le muscle dans l'extension.

Par suite de la diminution du calorique, l'attraction moléculaire augmente puisqu'elle trouve moins de résistance ; les molécules se rapprochent et la fibre se raccourcit.

Mais les molécules sont beaucoup plus nombreuses dans le sens de la longueur que dans celui de l'épaisseur, l'attraction est aussi beaucoup plus énergique dans ce sens que dans l'autre, de telle sorte que la fibre en diminuant de longueur augmente en diamètre, tout comme un fil de caoutchouc qui, après avoir été étiré, reprend sa première position en vertu de son élasticité.

C'est en vertu de la même élasticité que la fibre

(1) Il ne faut pas oublier que le calorique, seul, à la propriété de dilater les corps, alors qu'ils peuvent être traversés par des courants électriques sans augmentation de volume.

musculaire reprend la position que la force expansive du calorique lui avait fait perdre.

Pour reprendre de nouveau la position d'extension, la fibre musculaire puise, dans le sang les matières qui, par leur combustion, lui restituent son expansivité avec son calorique.

On voit que les mouvements musculaires sont, comme le reste, le résultat d'une lutte entre l'attraction et la répulsion ; attraction moléçulaire et nerveuse d'une part, et répulsion calorique d'autre part.

Pour résumer ce que nous venons de dire, c'est la chaleur animale qui produit l'extension musculaire, et c'est l influx nerveux qui cause la contraction.

La chaleur animale provient de l'oxidation de la fibre musculaire, et l'influx nerveux de l'oxidation des cellules nerveuses.

Que l'un de ces deux facteurs manque, et le muscle est réduit à l'immobilité.

CHAPITRE X

SENSATIONS ET ACTES INCONSCIENTS

La plupart de nos mouvements sont précédés par une impression perçue, dont le mouvement est, en quelque sorte la réponse.

Mais souvent aussi, les impressions ne parviennent qu'à la moelle, et, après y avoir été élaborées par la substance grise, se réfléchissent dans une direction centrifuge par les filets moteurs sans que nous en soyons avertis.

La propriété en vertu de laquelle le systême nerveux peut faire succéder un mouvement à une impression, bien que celle-ci n'ait pas été sentie ou perçue d'une façon consciente, a reçue le nom d'action réflexe, ou automatique.

C'est à cette faculté inportante qu'est due la manifestation des actes inconscients, qui forment en réalité l'immense majorité des actes de l'organisme.

La sensibilité automatique donne aux divers tissus, l'aptitude de puiser dans le sang les matériaux qui leur sont utiles et de rejeter ceux qui leur sont nuisibles.

Nous avons déjà signalé cette propriété, sous le nom d'affinité chimique dans le monde minéral; elle est devenue la nutrition ou affinité organique chez les végétaux et les animaux. Son caractère est d'être essentiellement fatale et absolument soustraite à l'influence de la volonté chez les animaux.

Aux actes toujours inconscients, tels que la nutrition, les secrétions, les mouvements du cœur, etc, viennent s'ajouter graduellement des actes qui, conscients d'abord et exigeant le concours de l'intelligence pour leur exécution; tels que la marche, la danse, l'écriture etc, finissent par devenir automatiques, sous l'influence de l'habitude.

Tous ces actes sont placés sous la dépendance de la moelle épinière et de son annexe le grand sympathique, qui élaborent les sensations que leur envoient les organes de la vie organique, sensations inconscientes.

L'excitation de cet influx nerveux a pour résultat des mouvements tels que ceux du cœur, de la respiration, de l'estomac, des intestins ; le resserrement et la dilatation des capillaires sanguins, etc, enfin tous les actes de la vie organique.

Sans cet influx, les tissus ne sauraient faire choix des matériaux qu'ils ont à extraire du sang pour se renouveler et remplir leurs fonctions ; et les glandes ne pourraient séparer du sang les résidus usés destinés à être rejetés au dehors.

CHAPITRE XI

RELATIONS EXISTANT ENTRE ENTRE LES CENTRES NERVEUX. ACTES QUI EN RÉSULTENT

Par suite des nombreuses relations qui existent entre les différents centres du système nerveux : encéphale, moelle épinière, grand sympathique et pneumo-gastrique, toute excitation de l'un de ces centres se propage forcément aux autres.

C'est ce qui explique comment les excitations morales, qui ont le cerveau pour siège, apportent dans la circulation, la nutrition et les diverses sécrétions des changements si profonds, bien que toutes ces fonctions soient placées sous la dépendance de la moelle épinière et du grand sympathique.

« Les excitations morales sont, au point de vue physiologique, dit avec raison Claude Bernard, des phénomènes de sensibilité. Elles réagissent sur l'organisme de la même manière que les stimulations de la douleur ou des sensations spéciales.

Le sentiment de la peur agit comme une impression douloureuse.

La colère, comme la honte, ont pour première conséquence une action sur la pupille, sur les vaisseaux et sur le cœur.

La réaction du moral sur le physique, longtemps considérée comme inexplicable, n'est qu'un phénomène physiologique.

La douleur morale retentit sur toute l'économie comme l'excitation mécanique d'un nerf ; comme celle-ci, elle a toujours le grand sympathique pour instrument de son action, et elle peut entraîner, par le même mécanisme, des troubles de la nutrition, des lésions organiques, et des maladies les plus variées. »

CHAPITRE XII

DE LA VIE ET DE LA MORT

Après avoir constaté que les *aliments* et l'*oxygène* de l'air sont les matériaux des diverses combinaisons chimiques qui s'opèrent dans l'organisme ; combinaisons qui engendrent la *chaleur animale* ; nous avons vu également les *sensations* mettre en mouvement l'influx nerveux résultant de l'oxidations des cellules de la substance grise du cerveau pour les actes volontaires, et des mêmes cellules grise de la moelle pour les actes automatiques.

De même que nous avons suivi les aliments et l'oxygène, depuis l'origine du tube digestif et des voies respiratoires, jusqu'au ventricule gauche du cœur, point central où le sang a complètement achevé de puiser, dans les aliments et dans l'air, les éléments nécessaires aux fonctions des organes ; de même nous avons suivi et étudié la marche des sensations depuis les sens jusqu'aux centres nerveux, cerveau et moelle épinière, chargés de les élaborer et de les amener, par des transformations successives, à l'état d'influx nerveux.

Nous avons vu le sang et l'influx nerveux partir de leur centre respectif, et se distribuer aux divers tissus de l'organisme.

C'est à leur présence simultanée dans les organes et à leurs réactions réciproques, qu'est dû le phénomène qu'on a nommé *Vie*.

Si un organe est privé d'un de ces deux principes, il ne tarde pas à cesser ses fonctions, et, si cet organe est essentiel, l'animal tout entier périt.

Aucune réaction organique, ni aucun mouvement ne pouvant se produire en l'absence du fluide nerveux et du sang, si l'un des deux vient à faire défaut, les tissus rentrent alors dans le monde inorganique par suite de leur décomposition, que les forces vitales avaient le pouvoir d'empêcher.

Cet état constitue la *Mort*, qui détruit l'ensemble de l'être, mais n'anéantit pas la matière qui le compose ni les forces qui constituent ses fonctions.

Matière et forces rentrent dans le grand Tout pour former de nouveaux êtres par un nouveau groupement régi par de nouvelles formes de la force.

Table des Matières

Introduction. . . . . p. »

PREMIÈRE PARTIE : Matière et Force

Chapitre I. Matière et Sensation . . . . . . p. 7
— II. Forces : Formes du mouvement p. 10
— III. Indestrucbilité et transformation de la Force et de la Matière . . p. 10

DEUXIÈME PARTIE : Formation des Mondes

Chapitre I. Nébuleuse universelle . . . . . p. 21
— II. Nébuleuses secondaires . . . . p. 24

TROISIÈME PARTIE : Evolution de la matière et de la Force sur les Planètes

Chapitre I. Etat divers de la matière . . . p. 29
— II. Transformation de la matière dans les trois règnes en général. p. 31
— III. Etat minéral, Passage de l'état cosmique à l'état minéral . . . p. 33
Chapit. IV. Vie organique végétale, passage de l'état minéral à l'état végétal . . . . p. 34
— V. Vie animale. Passage de l'état végétal à l'état animal . . . . p. 38
— VI. Production des forces vitales . p. 42
— VII. Sensations conscientes . . . . p. 44
— IX. Transformation des Idées en actes. . . . . p. 54
— X. Sensations et actes inconscients p. 58
— XI. Relations existent entre les centres nerveux. Actes qui en résultent . . . . p. 60
— XII. De la vie et de la mort . . . . p. 61

www.ingramcontent.com/pod-product-compliance
Ingram Content Group UK Ltd.
Pitfield, Milton Keynes, MK11 3LW, UK
UKHW020211200726
13856UKWH00004B/1310